U0387066

纳唐科学问答系列

宝宝从哪来

[法]塞西尔·朱格拉 著

[法]莫德·里曼 绘

杨晓梅 译

吉林科学技术出版社

Les comment on fait les bebes
ISBN：978-2-09-257820-9
Text: Cécile Jugla
Illustrations: Maud Riemann
Copyright © Editions Nathan, 2018
Simplified Chinese edition © Jilin Science & Technology Publishing House 2021
Simplified Chinese edition arranged through Jack and Bean company
All Rights Reserved

吉林省版权局著作合同登记号：
图字 07-2020-0038

图书在版编目（CIP）数据

宝宝从哪来 / （法）塞西尔·朱格拉著 ； 杨晓梅译. --长
春：吉林科学技术出版社，2023.8
（纳唐科学问答系列）
ISBN 978-7-5744-0366-6

Ⅰ. ①宝… Ⅱ. ①塞… ②杨… Ⅲ. ①生命科学一儿
童读物 Ⅳ. ①Q1-0

中国版本图书馆CIP数据核字(2023)第078879号

纳唐科学问答系列　宝宝从哪来
NATANG KEXUE WENDA XILIE　BAOBAO CONG NA LAI

著　者	〔法〕塞西尔·朱格拉
绘　者	〔法〕莫德·里曼
译　者	杨晓梅
出 版 人	宛　霞
责任编辑	郭　廓
封面设计	长春美印图文设计有限公司
制　版	长春美印图文设计有限公司
幅面尺寸	226 mm×240 mm
开　本	16
印　张	2
页　数	32
字　数	25千字
印　数	1-6 000册
版　次	2023年8月第1版
印　次	2023年8月第1次印刷

出　版	吉林科学技术出版社
发　行	吉林科学技术出版社
地　址	长春市福祉大路5788号
邮　编	130118
发行部电话/传真	0431-81629529　81629530　81629531
	81629532　81629533　81629534
储运部电话	0431-86059116
编辑部电话	0431-81629520
印　刷	吉林省吉广国际广告股份有限公司

书　号	ISBN 978-7-5744-0366-6
定　价	35.00元

版权所有　翻印必究　举报电话：0431-81629508

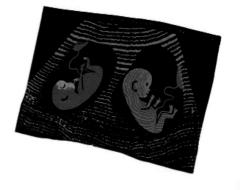

目录

冒险开始啦

妈妈怀孕了！在未来的整整9个月间，一个新的小生命会在她肚子里慢慢长大。这个过程很漫长！哥哥姐姐正在好奇：这个小家伙会长得像谁呢？

为什么家长决定要生宝宝？

因为他们相爱，想共同创造一个新生命。他们已经准备好了给宝宝满满的爱，陪伴他长大成人。小家庭也会变得更热闹。

为什么生孩子需要男性和女性？

因为宝宝是两颗"种子"相遇的成果——一颗种子是女性的卵子，另一颗种子是男性的精子。

相爱是什么意思？

如果两个人相爱，他们会互相吸引，想要亲吻、交谈、一起生活，有时还会想生孩子。

家庭是什么？

当一对夫妻生下孩子后，他们便组成了一个家庭。小孩的名字会被登记到户口簿中。

在图中找一找！

书　　宝宝

游泳纸尿裤

最初的最初

小小的精子要在女性身体里完成一场壮丽的旅行。其中几颗来到了输卵管，那里正好有一颗卵子……

精子的数量很多吗？

是的！一开始有几百万颗。它们摇动着尾巴前进，只有几百颗能最终抵达受精部位……

进入卵子的精子有几个？

一个！一旦精子进入，卵子外层的细胞膜就会封闭起来。其他精子无法进入，便会死去。

精子进入卵子时会发生什么？

会受精。这是生命的开始！精子与卵子结合后的受精卵会逐渐变化，不断成长。

受精卵会停留在输卵管中吗？

不会。它会"滑"入子宫中，附着在子宫壁上，继续成长。

受精卵会如何变化？

会分裂成2颗，4颗，8颗……最初，它只是一个小小的胚胎，完全不像一个婴儿。2个月时，器官开始成形，受精卵变成了胎儿。9个月后，小宝宝就出生了。

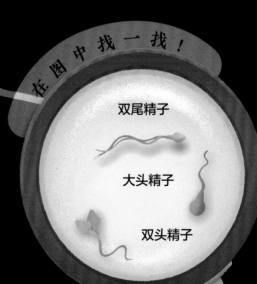

在图中找一找！

双尾精子

大头精子

双头精子

大肚子里的小宝贝

孕期已经来到了第5个月。胎儿成长了不少，妈妈的肚子也是！在超声波的帮助下，我们可以了解到小宝宝是否健康。

什么是超声波检查？

是一种医疗检查。医生在妈妈肚子上涂上特殊的胶，再通过仪器，就能在屏幕上看到胎儿的样子。

宝宝如何在妈妈肚子里生活？

他漂浮在一个满是液体的袋子中。这些液体可以保护他，避免受到冲击。宝宝大部分时间在睡觉，不过也会翻跟斗或者玩脐带。有时，他还会吸吮自己的大拇指！

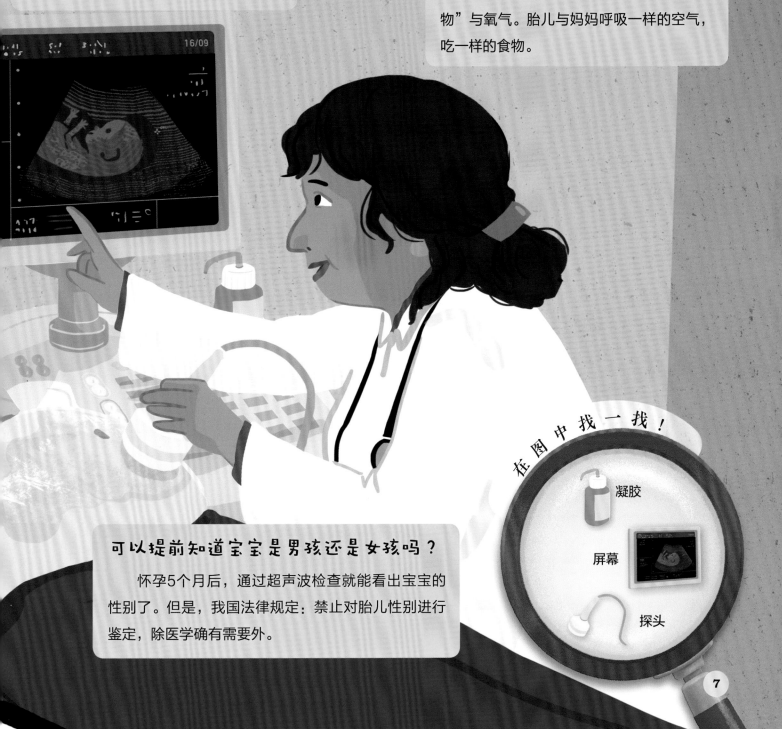

胎儿是什么模样？

像缩小版的小婴儿！他的各个器官已经基本成形，有双手、双腿……大大的脑袋上还有胎发！

肚子里的宝宝也要吃饭吗？

要，不过和你吃饭的方式不一样！脐带连接了胎儿与母体，向他传输所需的"食物"与氧气。胎儿与妈妈呼吸一样的空气，吃一样的食物。

16/09

可以提前知道宝宝是男孩还是女孩吗？

怀孕5个月后，通过超声波检查就能看出宝宝的性别了。但是，我国法律规定：禁止对胎儿性别进行鉴定，除医学确有需要外。

在图中找一找！

凝胶

屏幕

探头

同时有两个宝宝

有时，妈妈肚子里住的不是一个宝宝，而是两个！这就是双胞胎。通常，在第一次超声波检查时，我们就能发现是否存在第二个宝宝。如果有，这可真是个大惊喜！

什么是同卵双胞胎？

出自同一颗受精卵。由一颗卵子与一颗精子组成，然后再分裂成两颗，这让同卵双胞胎十分相似。

同卵双胞胎

异卵双胞胎

受精

什么是异卵双胞胎？

出自两颗受精卵。卵巢同时"释放"出了两颗卵子，分别与两颗精子结合。异卵双胞胎也许很相似，也许差异很大！

8

双胞胎在母亲肚子里时挤不挤？

孕期的最后阶段，双胞胎的活动空间越来越小。与普通宝宝相比，他们通常更早出生，个头也更小。不过，出生之后，双胞胎的成长很快就能追上其他宝宝。

女性可以同时怀更多宝宝吗？

可以！如果同时怀有3个宝宝就是三胞胎。还有四胞胎，五胞胎……不过数量越多，越罕见。

为什么还有龙凤胎？

龙凤胎全都是异卵双胞胎，但异卵双胞胎也可能两个都是女孩或男孩。

在图中找一找！

超声波照片

毛绒玩具

鼠标

迎接小宝宝的到来

　　孕期到了第7个月。一切顺利！一家人的话题围绕着小宝宝打转。我们给他买了人生中第一批衣服和玩具。现在问题来了：小宝宝的名字要叫什么才好呢？

谁来给宝宝取名字？

　　爸爸妈妈。为了寻找灵感，他们有时会翻看字典或姓名书。如果你有什么想法，也可以给爸爸妈妈提建议。

为什么妈妈的肚子变得越来越大？

　　因为胎儿在长大，现在他已经超过1千克了。还好他生活的子宫也会跟着一起变大……妈妈肚子上的皮肤有弹性，所以也被撑大了。

妈妈可以感觉到肚子里宝宝的活动吗？

5个月后就可以了。轻轻抚摸妈妈的肚子，你也可以感受到里面的宝宝，甚至可以和他互动。真的很神奇！

肚子里的宝宝看得见吗？

7个月时，胎儿就可以睁开、闭上眼睛了。不过他只能看见特别强烈的光线。

宝宝能听到我们跟他说话吗？

可以！5个月后，胎儿就可以听到妈妈的心跳、肠胃蠕动的声音，还有外部世界的声音。你可以跟他说话或者唱一首歌！

在图中找一找！

摇铃

姓名书

婴儿睡裙

要出生了

小宝宝在妈妈肚子里已经待了整整9个月。孕期即将结束，另一段历险即将开始！

为什么宝宝的头朝下？

这是从妈妈肚子里出来的最佳姿势！大部分宝宝出生时都是头先出来，但也有些是屁股先出来！

什么是早产儿？

怀孕8个月内产下的宝宝。他们可能无法顺利呼吸或维持身体的温度。因此，我们要把早产儿放到温暖的保育箱里，保育箱里面的环境就像妈妈肚子里一样。

肚子里的宝宝会尿尿吗？

会，因为他也会喝进子宫里的液体。还好这种液体会不断地"更新"！但正常情况下胎儿不会大便。

宝宝很胖吗？

通常婴儿出生时体重在3千克左右，相当于一只小猫。不过有些婴儿出生时会更轻或更重。最重的婴儿超过10千克！

妈妈如何知道自己快生了？

她会感觉到肚子在收缩。子宫是一块肌肉，收紧可以让胎儿更顺利地出来。有时，装羊水的"袋子"会破掉，也就是常说的"羊水破了"。

宝宝出生了

妈妈感到肚子收缩的频率越来越快，于是来到医院的产科。这里是小宝宝出生的地方。

宝宝从哪里出生？

妈妈的阴道会扩张，让婴儿可以顺利出来。有时，医生会剪开妈妈的下腹，帮助宝宝出生，这种手术叫作剖宫产。

分娩时很疼吗？

妈妈非常疼痛，因为子宫会强烈地收缩。深呼吸或麻醉针可以缓解这种疼痛。

什么是助产士？

是一种职业。他们在医院工作，帮助女性分娩，指导产妇如何呼吸、如何用力才能让宝宝更顺利地出生。

爸爸也可以留在产房里吗？

有的产房可以，不过需要他和妈妈共同决定。爸爸留下来可以安慰妈妈，握住她的手，跟她说话……还可以照顾刚出生的小宝宝。

脐带会变成什么？

爸爸或助产士会将脐带剪断，因为宝宝再也不需要用脐带来吃饭或呼吸了！这会留下一个小伤口，痊愈后就变成了肚脐。

在图中找一找！

保育箱

防尘帽

病历

认识大家

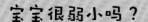

分娩之后，妈妈要在产科病房休息几天。孩子们急着看妈妈，也急着认识家庭的新成员！

宝宝很弱小吗？

很弱小，抱着他的时候不能太用力，要把他的小脑袋好好撑住，因为他暂时还不能独立支撑住自己的头。我们可以把一只手放在他的颈部后面。

大家都可以来看望宝宝吗？

可以。不过如果感冒了就不行。婴儿对细菌特别敏感。在接触婴儿前要好好洗手。

为什么宝宝要戴手环？

这是他的出生手环，回到家后才能摘下。手环上记录着婴儿的名字与生日，这样就不会和其他宝宝搞混了！

宝宝吃什么？

　　只能喝奶！可以喝母乳，也可以用奶瓶喝奶粉。

在图中找一找！

出生手环

婴儿服

哺乳垫

欢迎回家

妈妈回家了！所有人都要学习如何和宝宝一起生活。爸爸妈妈把很多时间用来照顾新出生的小宝宝，但他们也不会忘了其他孩子……

为什么宝宝总是哭？

因为他不会说话！他每次哭都代表需要别人的照顾：饿了、冷了、热了、生气了、该换纸尿裤了……

为什么宝宝要穿纸尿裤？

因为他太小，无法控制自己的肌肉，所以无法控制大小便。2岁左右时，宝宝才能学会上厕所。

18

宝宝总是在睡觉吗？

几乎白天夜晚都在睡。不过有时候夜里会醒过来几次！睡眠可以帮助他成长，让身体与大脑良好发育。

宝宝有自己的专属房间吗？

小宝宝最开始要和父母住在一起，特别是哺乳阶段。然后他可以拥有自己的房间，或是与其他孩子分享一个房间。

宝宝什么时候才能长大？

小宝宝会一点点学会坐立、站立、行走、说话、上厕所……2~3岁时，他就从婴儿变成有一定自主能力的儿童了。

在图中找一找！

纸尿裤盒

娃娃

玩具

不同类型的家庭

带着孩子的单亲爸爸，收养孩子的家庭……家庭的类型不止一种！不过这些家庭有着一个共同点：爱将每个人连在一起！

什么是试管婴儿？

当一对夫妻无法正常怀孕时，医生会帮助他们，让精子与卵子在试管中结合。通过这种方式诞生的宝宝叫试管婴儿。

为什么有些人没有孩子？

有些人暂时不想生孩子或者完全不想要孩子，那么他们在进行亲密行为时可以使用避孕措施，这样就不会怀孕了。有些人还没遇到想要共组家庭的人。还有一些人则是没有生育能力。

收养是什么意思？

养育的孩子不是亲生的，而是由别人生下却由于种种原因无法照顾的。

孩子一定长得像父母吗？

我们可能继承了爸爸的发色、妈妈的酒窝、爷爷的眼睛……遗传这件事充满了偶然。

在图中找一找！

婴儿车

滑板车

滑步车

21

最大的动物宝宝是什么？

蓝鲸宝宝。出生时，它的体重就可以达到3000千克，而人类的宝宝通常只有3千克！蓝鲸宝宝成长的速度很快，初期每天就可增长90千克。

哪种动物怀孕的时间最久？

大象！母象怀孕约2年后才能生下小象。与大象相比，人类女性的孕期是9个月，很短；但是跟孕期仅2周的仓鼠比，人类怀孕的时间又很长！

袋鼠宝宝在妈妈袋子里干什么？

成长！小袋鼠出生时还是胎儿，只有一颗豌豆那么大。它要爬到妈妈的育儿袋中，一边喝奶一边成长。

小长颈鹿是如何出生的？

小长颈鹿出生的那一刻会从2米的高处落到地上，因为长颈鹿妈妈是站着分娩的！不过小长颈鹿马上就能学会走路，而人类的婴儿要到1岁左右才能学会走路。

生孩子的永远是妈妈吗？

几乎全是。不过，雄性海马的肚子上有育儿囊，里面装着雌性海马产下的卵。受精卵在这里继续生长发育，成熟后再离开。

雄性产婆蟾则会把受精卵放在后背上，直到小蟾蜍快破壳而出时再放到水中。它们都是伟大的爸爸！

为什么母猪有12个乳头？

在哺乳动物中，乳头的数量越多，每一胎生下的宝宝数量也就越多。人类只有2个乳头，通常一次最多只能生下2个孩子。母猪有12个乳头，一次最多可生下12只小猪崽。

为什么小牛全身湿漉漉？

因为在妈妈的肚子里，小牛生活在充满液体的子宫中。子宫中的液体可以保护小牛，避免它受到撞击。

为什么母考拉肚子上有个袋子？

考拉宝宝只会在妈妈的子宫里待35天。出生时，它们的个头很小很小。妈妈的育儿袋可以遮风避雨，让它们继续发育、成长。

袋鼠都出生在澳大利亚吗？

不是的。我们在动物园里看到的动物都是在世界各地动物园里繁育出来的。

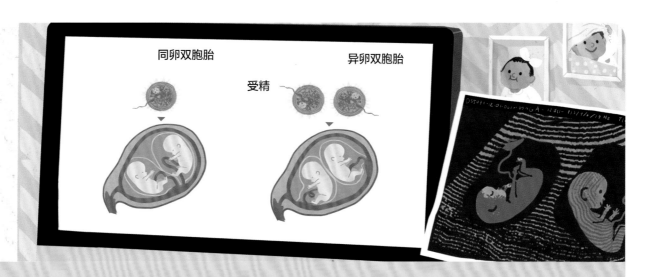

什么是同卵双胞胎？

出自同一颗受精卵。由一颗卵子与一颗精子组成，然后再分裂成两颗，这使同卵双胞胎十分相似。

双胞胎在母亲肚子里时挤不挤？

孕期的最后阶段，双胞胎的活动空间越来越小。与普通宝宝相比，他们通常更早出生，个头也更小。不过，出生之后，双胞胎的成长很快就能追上其他宝宝。

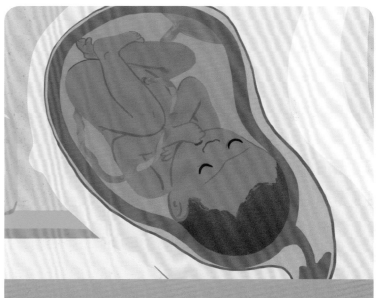

为什么宝宝的头朝下？

这是从妈妈肚子里出来的最佳姿势！大部分宝宝出生时都是头先出来，但也有些是屁股先出来！

宝宝是如何被"制造出来"的？

一名女性与一名男性发生亲密行为后，卵子与精子结合，产生了新生命。

为什么女性有乳房？

喂养婴儿！怀孕后，乳房就会开始分泌乳汁。

胎儿是什么模样？

像缩小版的小婴儿！一定时间后他的各个器官就会基本成形，有双手、双腿……大大的脑袋上还有胎发！

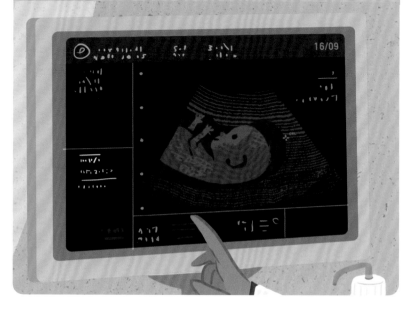

家庭是什么？

当一对夫妻生下孩子后，他们便组成了一个家庭。小孩的名字会被登记到户口簿中。

肚子里的宝宝也要吃东西吗？

要，多亏了脐带，它像一根管子，将宝宝与妈妈的血液连接起来。脐带给胎儿带来了生存与成长所需的一切：食物、水、氧气。出生后，脐带会被剪掉，形成的伤口就是我们的肚脐。

为什么兄弟姐妹长得不一样？

因为每个人继承了父母不同的特征。男孩可能继承了妈妈的发色，女孩可能继承了爸爸的。相貌虽然有区别，但仔细一看，他们也有很多相似之处。

在妈妈肚子里时，宝宝在干吗？

他浮在一个全是液体的"袋子"里，不怕撞击，又安全又温暖。宝宝经常睡觉，有时也会动，转个身、翻个跟斗，还会吸吮大拇指、玩脐带、尿尿……

宝宝很弱小吗？

很弱小，抱着他的时候不能太用力，要把他的小脑袋好好撑住，因为他暂时还不能独立支撑住自己的头。我们可以把一只手放在他的颈部后面。

妈妈可以感觉到肚子里宝宝的活动吗？

5个月后就可以了。轻轻抚摸妈妈的肚子，你也可以感受到里面的宝宝，甚至可以和他互动。真的很神奇！

读书笔记

读书笔记